易小点数学成长记
The Adventure of Mathematics

装不满的粮仓

童心布马 / 著

猫先生 / 绘

4

北京日报出版社

图书在版编目（CIP）数据

易小点数学成长记. 装不满的粮仓 / 童心布马著；猫先生绘 . ——
北京 : 北京日报出版社 , 2022.2（2024.3 重印）

ISBN 978-7-5477-4140-5

Ⅰ . ①易… Ⅱ . ①童… ②猫… Ⅲ . ①数学—少儿读物 Ⅳ . ① 01-49

中国版本图书馆 CIP 数据核字 (2021) 第 236847 号

易小点数学成长记　装不满的粮仓

出版发行：北京日报出版社

地　　址：北京市东城区东单三条 8-16 号东方广场东配楼四层

邮　　编：100005

电　　话：发行部：（010）65255876

　　　　　总编室：（010）65252135

印　　刷：鸿博昊天科技有限公司

经　　销：各地新华书店

版　　次：2022 年 2 月第 1 版

　　　　　2024 年 3 月第 7 次印刷

开　　本：710 毫米 ×960 毫米　1/16

总 印 张：25

总 字 数：360 千字

总 定 价：220.00 元（全 10 册）

目 录

上课啦!

我们先从圆周率 π 讲起。

小 π，说的是你!

别闹!

古埃及人认为，圆像太阳，是神赐给人类的神圣图形。

很多年后，祖冲之对圆周率的研究终于有了成果。

刘徽的"割圆术"还可以继续分割下去。

$\pi = 3.1415926535897932384626433...$

圆周率应该在3.1415926与3.1415927之间。

数学家刘徽总结出，圆周率＝圆周长 ÷ 圆直径。他在圆内分割出正12边形来计算。祖冲之在此基础上，把圆分割成了正24576边形。

哇，紫禁城好大！

据说当年明成祖建造紫禁城时，用了34816根柱子。

太和殿的顶梁柱是最粗最高的。

仅太和殿就有72根柱子。

相当于一片树林的树啊！太壮观了！

每根柱子的直径有1.06米，高有12.7米。

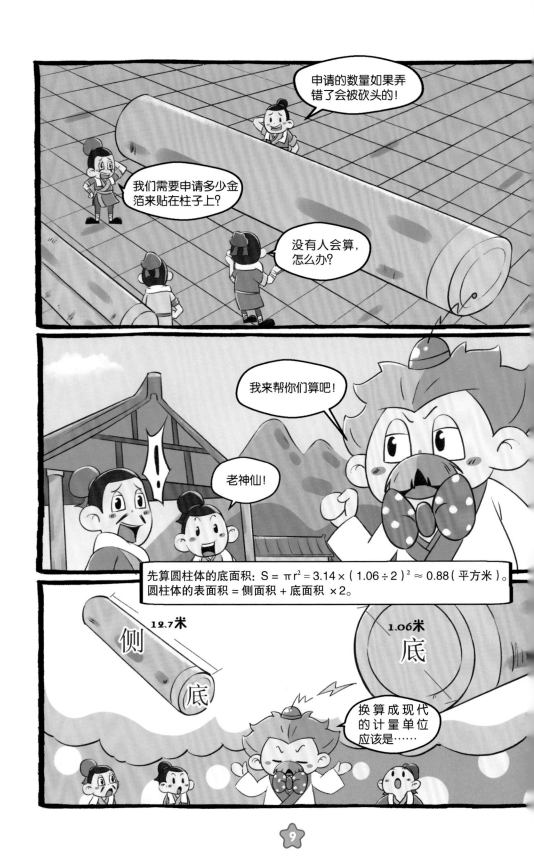

把粮食倒在这里！

我们收获了这么多的粮食！

要多大的粮仓才放得下？

去问问博士吧。

圆锥体的体积是等底等高的圆柱体的 $\frac{1}{3}$，写作：

$$V = \frac{1}{3}sh$$
$$= \frac{1}{3} \times 底面积 \times 高$$

所以，每个人看守的那堆粮食刚好可以装满一个粮仓，装不满粮仓的就是监守自盗的人。

你看守的粮食没装满粮仓。把偷走的粮食交出来吧。

我错了。

村长好聪明呀！

这个小盒子装得下250毫升牛奶吗?

买二送一,多划算。

盒子上都写了,肯定就有这么多!

你确定?

还是去请教博士吧。

我们走。

小 π 家

你会算了吗?

我试试!

本体容积 = 6.5 × 4 × 10 = 260（立方厘米），
一定装得下 250 毫升牛奶。还可以用爱迪
的办法，把牛奶倒在量杯里，再计算它的体积。

10 cm

250mL

4 cm   6.5 cm

什么声音?

博士的实验室……

这么大的壁画是怎么画的呢?

这都是古人的智慧呀!

去敦煌当时的绘画现场看看吧。

画师们已经准备开工了!

然后，在纸上画出构图小稿。

他们用到的是图形平移和等比例缩放的方法。

古人用的是什么方法？

最后，根据事先画好的构图小稿，把每个格子里的图案等比例放大后平移到墙壁上。

易小点，你别抢镜！

耶！

你们没眼光！

铅笔妹，你画的是平面图，展示得不清楚。

去学学三视图的画法。

西班牙阿勒罕布拉王宫

那个人是拿破仑。

这是世界上第一张立体图。在此基础上，人们又发明了三视图。

三视图由正视图、俯视图、左视图三个基本视图组成。这三个视角能更好地展现空间结构的细节。

左视图

正视图

俯视图

我重新画了一张，你快看！

这次能看清楚啦！

高斯博士的小黑板

立体图形展开图

名称	正方体	长方体	五棱柱	圆柱	圆锥
立体图形					
展开图（举例）					

图形测算

图形名称	图形	计算公式	
		用文字表示的公式	用字母表示的公式
长方形		周长 =（长 + 宽）× 2 面积 = 长 × 宽	$C=2（a+b）$ $S=ab$
正方形		周长 = 边长 × 4 面积 = 边长 × 边长	$C=4a$ $S=a^2$
平行四边形		周长 =（底 + 斜边）× 2 面积 = 底 × 高	$C=2（a+b）$ $S=ah$
三角形		周长 = 三边之和 面积 =（底 × 高）÷ 2	$C=a+b+c$ $S=\frac{1}{2}ah$
圆		周长 = 直径 × π = 半径 × 2 × π 面积 = 半径^2 × π	$C=πd=2πr$ $S=πr^2$

名称	图形	体积公式	表面积公式
长方体		$V=abh$	$S=2(ab+ah+bh)$
正方体		$V=a^3$	$S=6a^2$
圆柱		$V=sh$	$S=s(侧)+2s(底)$
圆锥		$V=\frac{1}{3}sh$	

39

★易小点★

负数，...
是b的倍...
的量。负...
示。
除的整数。
和负奇数。
除的整数，正偶
负偶数，正偶

（正整数、0、
的统称。
无限不循环小
个整数之比。
整数a除以整数b

知识点

★认识数　　★运算
★图形与测算　★特殊测算
★统计与概率　★基础应用
★典型应用

指用以计量事物或表示事物次序的数叫作自然数。

整数：是正整数、零、负整数的集合，整数不包括小数本身

正数：比0大的数叫作正数，0本身不是正数。比0小的数叫作负数，负数与正数表示意义相反的量。

奇数：指不能被2整除的整数。奇数

偶数：正偶数和负奇数

自然数：指用以计量事物或表示事物次序的数。又...整数。

整数：是正整数、零、...集合，整数不包括小数...

正数：比0大的数叫作...

日报 ★

单位换算

1千米=1000米
1米=10分米
1分米=10厘米
1厘米=10毫米

1元=10角
1角=10分

1天=24小时
1小时=60分钟
1分钟=60秒

1吨=1000千克
1千克=1000克

小数...
正数：比0大的数...
负数：比0小的数叫作负数，0本身不是正数。负数与正数表示意义相反的量。负数前用负号『－』表示。

前用负号"－"表示。
指不能被2整除的整数。
数和负奇数。

是b的倍数。

身不是正数。

负数：比0小的数叫作负数，负数与正数表示意义相反的量。负数前用负号"-"表示。

奇数：指不能被2整除的整数。奇数可以分为正奇数和负奇数。

偶数：指能够被2整除的整数。偶数分为正偶数和负偶数，正偶数也称双数。

有理数：是整数（正整数、0、负整数）和分数的统称。

无理数：也称为无限不循环小数，不能写作两个整数之比。

因数与倍数：整数a除以整数b

以计量事物的件数顺序的数。又叫作非……整数、零、负整数的……不包括小数、分数，0本……大的数叫作正数，0本

有理数：是整数（正整数、0、负整数）和分数的统称。

偶数：指能够被2整除的整数。偶数分为正偶数和负偶数，正偶数也称双数。

奇数：指不能被2整除的整数。奇数可以分为正奇数和负奇数。

负数：比0小的数叫作负数，负数与正数表示意义相反的量。

不是正数。

正整数、零、正整数、负整数，是整数不包括小数、分数。比0大的数叫作正数，0本身

负整数的集合，整数不包括小

正整数、零、正整数、负整数，是……又叫序数表示事物……示事物或……件事物以数……量的事数事物以数……指自然数用……数作数物的计……非。次表的计

无理数：也称为无限不循环小数，不能写作两个整数之比。

因数与倍数：整数a除以整数b（b≠0），所得的商正好是整数而没有余数，我们就说a是b的

★易小点日报★

知识点

★认识数　　★运算
★图形与测算　★特殊测算
★统计与概率　★基础应用
★典型应用

单位换算

1千米=1000米
1米=10分米
1分米=10厘米
1厘米=10毫米

1元=10角
1角=10分

：前用负

跟着易小点，数学每天进步一点点

数与数字关系 | 运算与速算 | 图形与测算 | 图形与测算 | 特殊测算

统计与概率 | 基础应用 | 典型应用 | 典型应用 | 典型应用

★出　　品：童心布马
★策　　划：张　剑
★责任编辑：张志新
★助理编辑：曹　云
★美术编辑：阳春面
★封面设计：张　婧

北京日报出版社
微信公众号

童心布马
微信公众号

上架建议：儿童读物

ISBN 978-7-5477-4140-5

9 787547 741405

总定价：220.00元（全10）